Dlc Kumari Fonseka
Upuli Irosha Wickramaarachchi

Cultura de tecidos de plantas

Dlc Kumari Fonseka
Upuli Irosha Wickramaarachchi

Cultura de tecidos de plantas

Imprint

Any brand names and product names mentioned in this book are subject to trademark, brand or patent protection and are trademarks or registered trademarks of their respective holders. The use of brand names, product names, common names, trade names, product descriptions etc. even without a particular marking in this work is in no way to be construed to mean that such names may be regarded as unrestricted in respect of trademark and brand protection legislation and could thus be used by anyone.

Cover image: www.ingimage.com

This book is a translation from the original published under ISBN 978-620-2-00347-6.

Publisher:
Sciencia Scripts
is a trademark of
Dodo Books Indian Ocean Ltd. and OmniScriptum S.R.L publishing group

120 High Road, East Finchley, London, N2 9ED, United Kingdom
Str. Armeneasca 28/1, office 1, Chisinau MD-2012, Republic of Moldova, Europe
Printed at: see last page
ISBN: 978-620-7-67928-7

Índice:

Cultura de tecidos de plantas

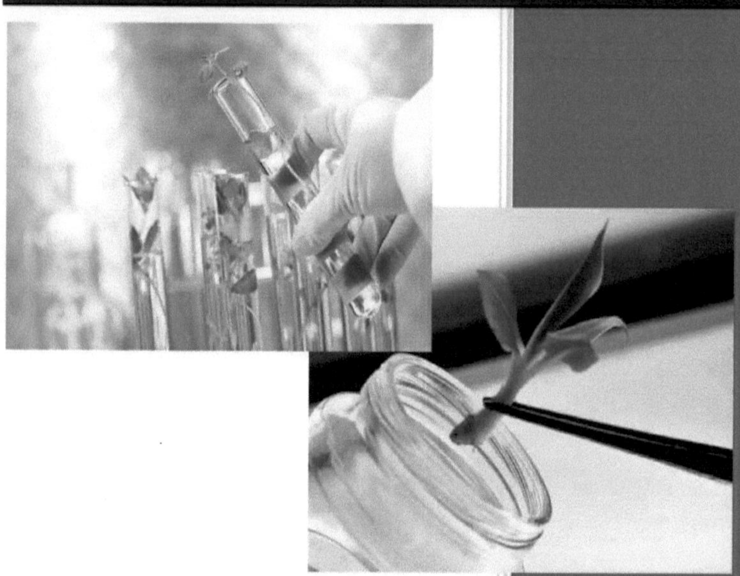

**DLC Kumari Fonseka
Upuli Wickramaarach chi**

Prefácio

Um cultivo bem sucedido depende principalmente de materiais de plantação saudáveis e vigorosos, que podem ser considerados como o passo mais vulnerável para iniciar uma plantação frutífera. A técnica de cultura de tecidos vegetais é amplamente utilizada em todo o mundo para produzir plantas de alta qualidade que não são capazes de produzir através de outros métodos de propagação vegetativa.

Com os avanços da tecnologia e muitas intervenções científicas, a cultura de tecidos vegetais desenvolveu-se numa vasta área, desde a produção de plantas semelhantes às plantas-mãe até à produção de uma vasta gama de metabolitos que têm um futuro promissor nas indústrias e no sector farmacêutico.

Inicialmente, esta técnica limitava-se apenas a condições laboratoriais, mas atualmente os agricultores também a utilizam para produzir as suas próprias plantas. Em vez de equipamento e instalações de laboratório dispendiosos, é possível substituir alternativas económicas a nível dos agricultores ou de produções em pequena escala, sem comprometer a base científica das técnicas de cultura de tecidos vegetais.

Este livro destina-se principalmente a estudantes do ensino secundário, superior e universitário, agricultores e empresários que desejem ter um bom conhecimento sobre a cultura de tecidos vegetais, uma tecnologia promissora para a futura produção sustentável de culturas.

Dr. DLC Kumari Fonseka
Professor Sénior,
Departamento de Ciência das Culturas,
Faculdade de Agricultura,
Universidade de Ruhuna, Matara,
Sri Lanka.
03-08-2017

Capítulo 1
1. Introdução

Por cultura de tecidos vegetais entende-se a cultura *in vitro* de partes vivas de plantas num meio esterilizado num ambiente assético (sem bactérias, fungos ou outros microrganismos) em condições controladas de luz e temperatura. Centra-se principalmente na totipotência das células, o que significa a capacidade de uma célula vegetal crescer e desenvolver-se numa planta completa quando todas as condições de crescimento são fornecidas a níveis óptimos.

Além disso, a técnica de cultura de tecidos pode ser utilizada com êxito para propagar plantas que não podem ser propagadas através de sementes, mas apenas por técnicas de propagação vegetativa. As plantas com flor, como o antúrio, a orquídea, várias plantas ornamentais e culturas frutícolas, como a banana e o ananás, podem ser facilmente propagadas através da técnica de cultura de tecidos. Com esta técnica, é

possível produzir um grande número de plântulas num curto período de tempo e num espaço limitado.

Figura 0.1 Plantas de bananeira em cultura de tecidos

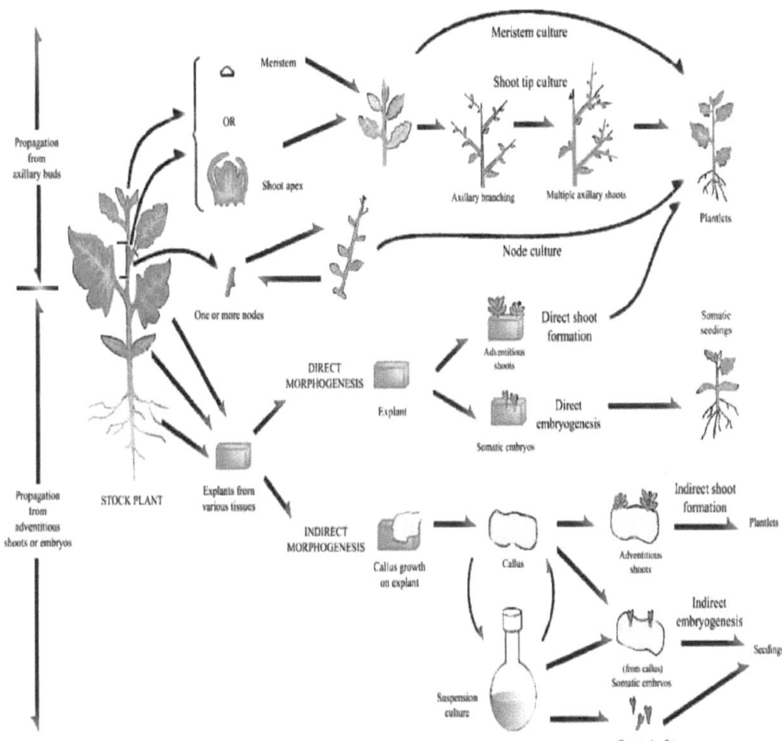

Figura 1.2 Utilização de diferentes ex-plantas e modo de morfogénese dessas partes de plantas

Técnicas de cultura de tecidos

Cultura de sementes

Isto significa a cultura de sementes viáveis num meio artificial em condições esterilizadas. As sementes produzidas por algumas plantas não podem ser armazenadas durante muito tempo devido ao facto de a sua viabilidade diminuir com o tempo, acabando por se perder. Nas sementes, o endosperma fornece nutrientes para o embrião em crescimento. Mas, com o tempo, o armazenamento do endosperma esgota-se e deixa de poder satisfazer as necessidades nutricionais do embrião em crescimento, provocando a perda total da viabilidade das sementes. Nestas condições, para proteger a viabilidade das sementes, estas têm de ser armazenadas num meio nutritivo artificial. Assim, estas sementes podem obter facilmente os nutrientes de que necessitam para se desenvolverem em plântulas. Para a cultura de sementes, pode ser utilizado um meio nutritivo básico sem hormonas. Quando as sementes germinadas dão origem a plântulas, estas podem ser introduzidas num meio especial que contém Auxina e Citocinina para obter um grande número de plântulas.

Como exemplo podem ser consideradas as sementes de orquídeas, geralmente uma vagem de orquídea contém um grande número de pequenas sementes (Figura 1.3). Mas, a maioria das sementes morre dentro da vagem antes de germinar. Além disso, no seu ambiente natural, muitas orquídeas terrestres mantêm relações mutuamente benéficas com fungos, que são necessários para que as sementes das orquídeas germinem. Muitas vezes as sementes não contêm quaisquer nutrientes para os embriões, ao contrário de quase todas as outras sementes. O fungo fornece a nutrição para os embriões; na ausência do fungo, como no caso do cultivo de orquídeas, é necessário tomar medidas especiais para germinar as sementes. Quando a vagem se encontra numa fase imatura, estas sementes devem ser introduzidas num meio nutritivo para germinar.

Etapas da cultura de tecidos de orquídeas:

1. Mergulhar a cápsula de semente imatura (verde) numa solução de lixívia a 100% durante 30 minutos.

2. Mergulhar a cápsula em álcool isopropílico ou etanol durante 5-10 segundos. Retirar a cápsula do álcool e limpar cuidadosamente o excesso de álcool.

3. Em condições de assepsia, com uma faca ou bisturi esterilizados, abrir a cápsula e raspar a semente.

4. Colocar cuidadosamente a semente sobre a superfície do meio de cultura. Selar todos os recipientes de cultura.

5. A germinação das sementes pode demorar entre 1 mês e 9 meses. Cerca de 30 a 60 dias após o início da germinação, será necessário transferir as plântulas para um meio fresco para continuar o seu crescimento.

6. Transferir, em condições assépticas, as plântulas dos frascos iniciais para os frascos que contêm o meio fresco. Colocar as plântulas no meio de cultura com uma distância de cerca de 2 cm. Esta etapa constitui a primeira subcultura.

7. Deixar que as plântulas continuem a crescer e a desenvolver-se. A formação de raízes começa geralmente quando as plantas têm 2-3 folhas. Continuar a transferir as

plântulas para meios frescos a cada 30-60 dias, aumentando o espaçamento entre as plantas em cada transferência/subcultura. Quando o frasco estiver pronto para ser transferido para um vaso comunitário (com pot), começa o processo de aclimatação.

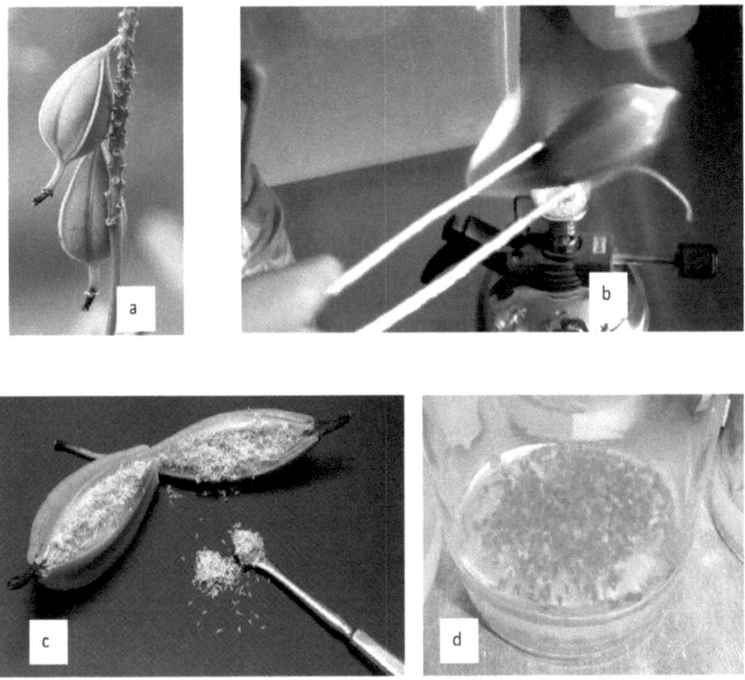

Figura 1.3 Germinação in vitro de sementes de orquídea; vagem de orquídea (a) Esterilização por chama da vagem de orquídea antes da dissecação (b) Sementes minúsculas no interior da vagem de orquídea (c) e desenvolvimento de corpos semelhantes a protocormos (d)

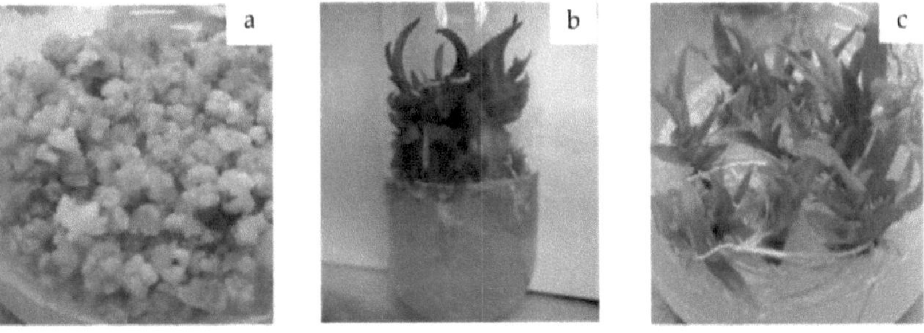

Figura 1.4 Etapas (a, b, c) da diferenciação de corpos protocórmicos de orquídeas em plântulas

Figura 1.5 Plântulas de orquídeas prontas para aclimatar (a) e aclimatadas (b)

Cultura de embriões

O embrião de uma semente viável é retirado em condições assépticas e cultivado num meio nutritivo. As sementes viáveis produzidas por algumas plantas não germinam no campo, mesmo que sejam fornecidas condições óptimas. Este incidente é conhecido como dormência das sementes. Muitos factores causam a dormência das sementes, como a presença de um revestimento duro ou impermeável, a presença de substâncias inibidoras e o facto de as sementes serem fisiologicamente imaturas. Para resolver este problema, o embrião pode ser removido da semente em condições estéreis e introduzido num meio nutritivo ou simplesmente conhecido como resgate de embriões. Em seguida, estes embriões desenvolvem-se em plântulas (Figura 1.6).

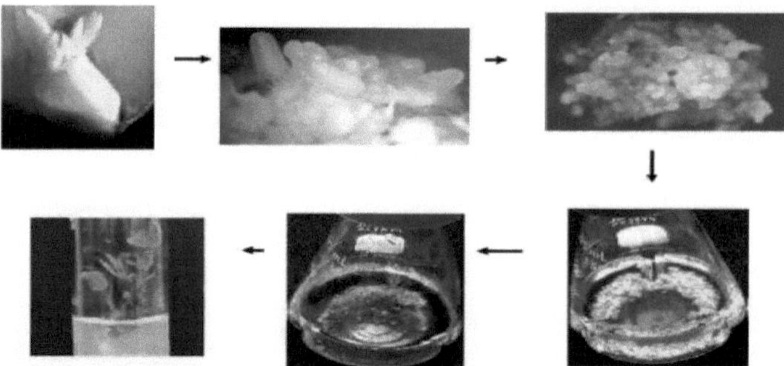

Figura 1.6Etapas da cultura de embriões de amendoim e desenvolvimento do embrião em plântula

Cultura de anteras

A cultura de anteras significa o cultivo de pólenes num meio nutritivo em condições assépticas. Os pólenes ou gâmetas masculinos de uma flor são armazenados dentro de um saco polínico. Os pólenes são haploides e contêm metade do total de cromossomas presentes numa planta-mãe. Por este motivo, a cultura de pólen permite produzir um grande número de plantas haplóides num curto espaço de tempo.

A cultura de anteras pode ser efectuada de duas formas principais;

1. Embriogénese direta

    * Produção de plantas permitindo a embriogénese a partir de pólenes
    (Figura 1.7).

2. Embriogénese indireta

    * Produção de calos a partir de pólen e permitir que os calos se diferenciem
    em plantas completas. Este método permite a produção fácil de plântulas,
    o que se tornou mais popular.

A cultura de pólenes de arroz é o melhor exemplo de uma cultura que utiliza a cultura
de anteras para a propagação de plantas. Para além disso, a cultura de anteras é utilizada
em mais de 200 espécies de plantas, incluindo a cevada, o tabaco e muitas outras.
Esta técnica é muito importante para a produção de um grande número de haplóides no
menor tempo possível e é muito fácil em algumas espécies que induzem a dissecção de
células em pólen imaturo, em comparação com outros métodos.

*Figura 1.7 Indução de calos a partir de anteras, regeneração, enraizamento e
endurecimento do arroz. Indução de calos (a), proliferação de calos (b), iniciação de
rebentos verdes (c), iniciação de rebentos albinos (d), alongamento de rebentos
verdes (e), alongamento de rebentos albinos (f), iniciação de raízes em meios de*

enraizamento (g), endurecimento e aclimatação de plantas verdes (h) Fonte:
http://scialert.net/fulltext/?doi=ajbkr.2011.470.477

Cultura de calos

A cultura de partes vivas de plantas em meio nutritivo artificial em condições assépticas para produzir calos é conhecida como cultura de calos. O calo é uma massa indiferenciada de células que pode desempenhar qualquer função. Mas, todos estes calos não têm a capacidade de se diferenciar em plantas. É muito importante identificar os calos que não possuem a capacidade de se desenvolverem em plantas completas. Um calo com capacidade de geração apresenta uma secura na sua superfície e mostra uma natureza algo dispersa. Após uma identificação correcta dos calos com a capacidade de se regenerarem em plantas completas, devem ser introduzidos em meios nutritivos com diferentes hormonas para o seu desenvolvimento posterior.

A cultura de calos é frequentemente mantida num meio de gel, que é composto por ágar e uma mistura de determinados macro e micronutrientes, dependendo do tipo de células. São também utilizados diferentes tipos de misturas de sais basais, como o meio Murashige e Skoog (MS), para além de vitaminas para aumentar o crescimento. Após a introdução das partes do explante no meio, devem ser colocadas no escuro para induzir a calosidade em muitas espécies de plantas. Para este efeito, os recipientes de cultura podem ser cobertos com polietileno preto e colocados na sala de cultura. No entanto, alguns laboratórios de cultura de tecidos dispõem de um pequeno local escuro dentro da área de cultura. Um dos melhores exemplos de cultura de calos é a produção de plântulas de antúrio utilizando explantes de folhas.

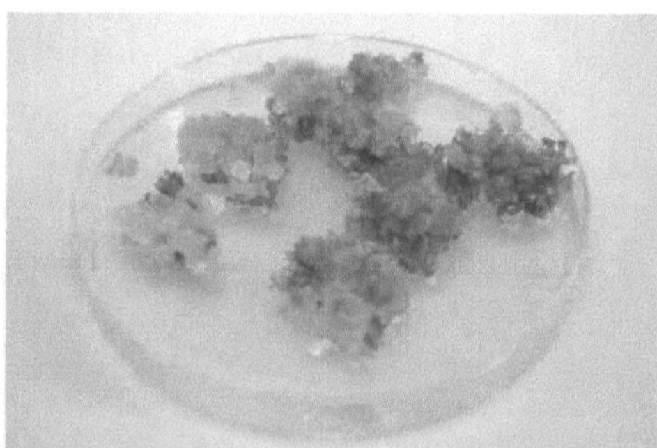

Figura 1.8 Crescimento de calos num meio nutritivo

Figura 1.9 Regeneração in vitro de A. andraeanum utilizando explantes foliares; iniciação de calo a partir de segmentos de folhas verdes pálidas (a), calo em proliferação após 8 semanas de subcultura (b), regeneração de rebentos a partir de tecido de calo em 10 semanas de incubação (c), plântulas enraizadas (d), plântulas que se estabelecem na estufa (e), plantas de antúrio endurecidas (f)

Capítulo 2
2. História da cultura de tecidos de plantas

Ano	Trabalhador	Contribuição
1902	C.Haberlant	Primeira tentativa de cultura in vitro de células vegetais isoladas em meio artificial
1922	WJ Robbins e W. Kotte	Cultura de raízes isoladas (por períodos curtos) (cultura de órgãos)
1934	P R Branco	Demonstração da cultura de raízes de tomate por tempo indeterminado (longo período)
1939	R J Gautheret e P Nobecourt	Primeira cultura de tecidos vegetais a longo prazo de calos, envolvendo explantes de tecidos cambais isolados de cenoura.
1939	P R Branco	Cultura de calos de tecidos tumorais de tabaco a partir de híbridos intersepcíficos de *Nicotina glaucum* X *N.longsdorffi*

1941	J Van Overbeek	Descoberta do valor nutricional do endosperma líquido do coco para a cultura de embriões isolados de cenoura.
1942	P R White e A C Braun	Experiências sobre crownn-gall e formação de tumores em plantas, crescimento de tecidos de crown-gall livres de bactérias.
1948	A Caplan e F C Stewart	Utilização de leite de coco e 2,4-D para a proliferação de tecidos de cenoura e batata em cultura
1950	G Morel	Cultura de tecidos de monocotiledóneas com leite de coco.
1953	W H Muir	A inoculação de pedaços de calo em meio líquido pode dar origem a uma suspensão de células isoladas susceptíveis de subcultura. Desenvolvimento de uma técnica de cultura de células isoladas.

1953	W Tulecke	Cultura haploide de pólen de gimnospérmica (Ginkgo)
1955	C O Miller, F Skeog e outros	Descoberta das citocininas. Por exemplo, a cinetina, ou potente fator de divisão celular.
1955	E bola	Cultura de tecidos de gimnospérmicas (Sequoia)
1957	F Skoog e C O Miller	Hipótese de que a iniciação de rebentos e raízes em cultura de calos é regulada pela proporção de auxinas e citocininas no meio de cultura.
1960	E C Cocking	Isolamento enzimático e cultura de protoplastos.
1960	G Morel	Desenvolvimento da técnica de cultura do ápice do rebento.

1964	G Morel	Utilização da técnica do ápice do rebento modificado para a proporção de orquídeas.
1966	S G Guha e S C Maheshwari	As anteras e o pólen cultivados produzem embriões haplóides.
1974	J P Nitsch	Cultura de micrósporos de Datura e Nicotina, para duplicar o número de cromossomas e colher sementes de plantas diploides homozigóticas num prazo de cinco meses.
1978	G Melchers	Produção de híbridos somáticos a partir de vectores de plasmídeos ligados a protoplastos de plantas nuas.
1983	K A Barton , W J Brill e J H Dodds Bengochea	Inserção de genes estranhos ligados a vectores plasmídicos em protoplastos de plantas nuas.
1983	M D Chilton	Produção de plantas de tabaco transformadas após transformação de uma única célula ou inserção de genes.

Capítulo 3
3. Organização de um laboratório de cultura de tecidos

Os seguintes factores devem ser considerados antes da seleção do local para construir um laboratório de cultura de tecidos;

1. Disponibilidade de eletricidade

2. Disponibilidade de meios de transporte

3. Capacidade para manter a limpeza do edifício

4. Facilidade de obtenção das matérias-primas necessárias para a cultura

Equipamento básico para o laboratório de cultura de tecidos

O equipamento mencionado abaixo é essencial para manter um laboratório de cultura de tecidos.

Armário de fluxo de ar laminar

Unidade de destilação de água

Electronic Balance

Magnetic Stirrer and hot plate

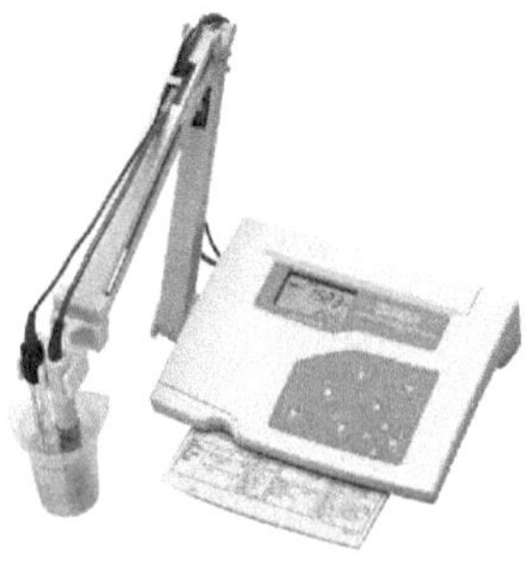

pH meter and EC meter

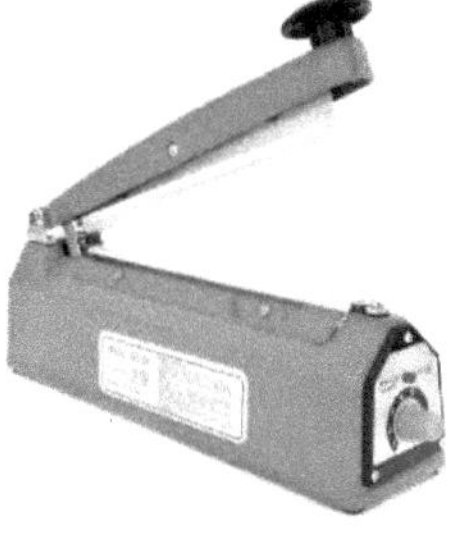

Sealer

Auto clave

Refrigerator

Microwave oven

Drying Oven

Quadro 3.1 Utilizações do equipamento básico utilizado no laboratório de cultura de tecidos de plantas

Equipamento	Função
Unidade de destilação de água	Produção de água destilada para a preparação de meios
Autoclave	Esterilização de meios, vidraria e utensílios utilizados na cultura
Medidor de pH	Mede o pH do meio durante a preparação
Agitador magnético	Mistura correcta de produtos químicos com água destilada durante a preparação do meio

Frigorífico	Armazenar os produtos químicos e as hormonas que se degradam à temperatura ambiente e que são necessários para a preparação dos meios
Armário de fluxo de ar laminar	Fornecimento de condições assépticas durante o processo de cultura
Balança eletrónica	Medição de produtos químicos
Forno elétrico	Esterilizar o material de vidro
Selante	Selar o polietileno
Forno micro-ondas	Dissolver o ágar, necessário para a gelificação dos meios

Secções básicas de um laboratório de cultura de tecidos

A presença das seguintes secções no laboratório de cultura de tecidos ajuda a gerir e a organizar facilmente as tarefas. É preferível organizar estas secções de acordo com o diagrama apresentado.

- Área de lavagem
- Área de preparação e esterilização de meios
- Área de iniciação à cultura
- Culturaárea de crescimento
- Escritório

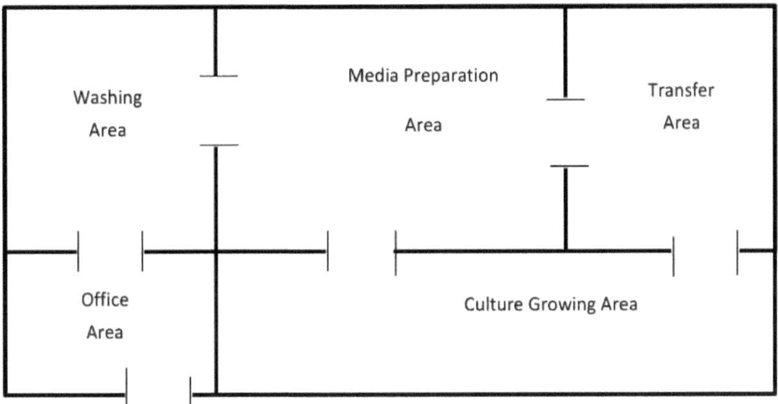

Figura 3.1 *Conceção de um laboratório geral de cultura de tecidos*

Área de lavagem

A área de lavagem deve ser constituída por componentes principais, incluindo torneiras, bacia de drenagem, suportes de drenagem e uma área coberta para guardar os recipientes limpos do pó. É preferível Construir a zona de lavagem perto de uma janela que receba o máximo de luz solar.

A área de lavagem deve conter grandes lavatórios, alguns revestidos a chumbo para resistirem a ácidos e álcalis, placas de drenagem e prateleiras, e ter acesso a água destilada. A área de lavagem deve também dispor de espaço para fornos ou prateleiras de secagem, máquinas de lavar louça automatizadas, banhos de ácido, lavadores e secadores de pipetas e armários de armazenamento.

Área de preparação e esterilização de meios

A área de preparação dos meios deve dispor de espaço suficiente para armazenar os produtos químicos, os recipientes de cultura e o material de vidro necessários para a preparação e distribuição dos meios. Deve existir espaço na bancada para placas de aquecimento/agitadores, medidores de pH, balanças, banhos de água e equipamento de distribuição de meios. Outro equipamento necessário pode incluir água destilada e frigoríficos para armazenar soluções de reserva e produtos químicos, um micro-ondas ou um forno de convecção e um autoclave para esterilizar meios, material de vidro e instrumentos.

Na preparação dos meios de cultura, devem ser utilizados produtos químicos de qualidade analítica e devem ser praticados bons hábitos de pesagem. Para garantir a exatidão, deve ser desenvolvida uma rotina passo a passo para a preparação dos meios. A água utilizada na preparação dos meios de cultura deve ser pura e da melhor qualidade.

Área de transferência

Em condições muito limpas e secas, as técnicas de cultura de tecidos podem ser realizadas com êxito numa bancada de laboratório aberta. No entanto, é aconselhável utilizar um exaustor de fluxo laminar ou uma sala de transferência esterilizada para efetuar as transferências. Na área de transferência deve existir uma fonte de eletricidade, gás, ar comprimido e vácuo. A disposição mais desejável é uma pequena sala sem pó equipada com uma luz ultravioleta suspensa e uma unidade de ventilação de pressão positiva. A ventilação deve estar equipada com um filtro de partículas de ar de alta eficiência (HEPA). Um filtro HEPA de 0,3pm com uma eficiência de 99,97-99,99% funciona bem. Todas as superfícies da sala devem ser concebidas e construídas de forma a não acumularem poeiras e microrganismos e a poderem ser cuidadosamente limpas e desinfectadas. Uma sala com esta conceção é particularmente útil se estiver a ser manipulado um grande número de culturas ou se estiverem a ser utilizadas grandes peças de equipamento. Outro tipo de área de transferência é um exaustor de fluxo laminar. O ar é forçado a entrar na unidade através de um filtro de pó e depois passa por um filtro HEPA. O ar é então direcionado para baixo (unidade de fluxo vertical) ou para fora (unidade de fluxo horizontal) sobre a superfície de trabalho. O fluxo constante de ar filtrado livre de bactérias impede que o ar não filtrado e as partículas se depositem na superfície de trabalho. O tipo mais simples de área de transferência adequada para o trabalho de cultura de tecidos é uma caixa de plástico fechada, normalmente designada por porta-luvas. Este tipo de campânula de cultura é esterilizado por uma luz ultravioleta e limpo periodicamente com álcool etílico a 95% quando está a ser utilizado. Este tipo de unidade é utilizado quando são necessárias relativamente poucas transferências.

Sala de cultura

Todos os tipos de culturas de tecidos devem ser incubados em condições de temperatura, humidade, circulação de ar e qualidade e duração da luz bem controladas. Estes factores ambientais podem influenciar o processo de crescimento e diferenciação diretamente durante a cultura ou indiretamente, afectando a sua resposta nas gerações seguintes. As culturas de protoplastos, as culturas em suspensão de células de baixa densidade e as culturas de anteras são particularmente sensíveis às condições culturais ambientais. Normalmente, a sala de cultura para o crescimento de culturas de tecidos vegetais deve ter uma temperatura entre 15° e 30° C, com uma flutuação de temperatura inferior a ±0,5°C; no entanto, pode ser necessário um intervalo de temperatura mais amplo para experiências específicas. Recomenda-se também que a sala tenha um sistema de alarme para indicar quando a temperatura atingiu os limites predefinidos de temperatura alta ou baixa, bem como um registador de temperatura contínuo para monitorizar as flutuações de temperatura. A temperatura deve ser constante em toda a sala de cultura (ou seja, sem pontos quentes ou frios). A sala de cultura deve dispor de iluminação fluorescente suficiente para atingir uma gama de 5000 a 10 000 lux; a iluminação deve ser ajustável em termos de quantidade e duração do fotoperíodo. Tanto a luz como a temperatura devem poder ser controladas durante um período de 24 horas. A sala de cultura deveria ter uma ventilação forçada de ar bastante uniforme e uma humidade de 60-70%. Muitas incubadoras, câmaras de crescimento de grandes dimensões e câmaras ambientais de entrada livre satisfazem estas especificações.

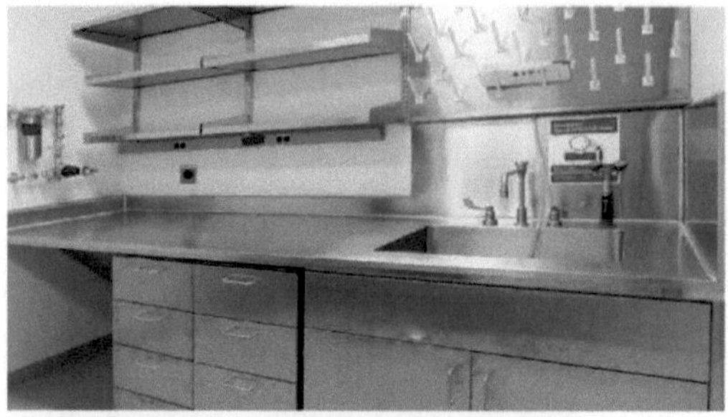

Figura 3.2 Zona *de lavagem*

Figura 3.4 Zona de preparação dos suportes de impressão

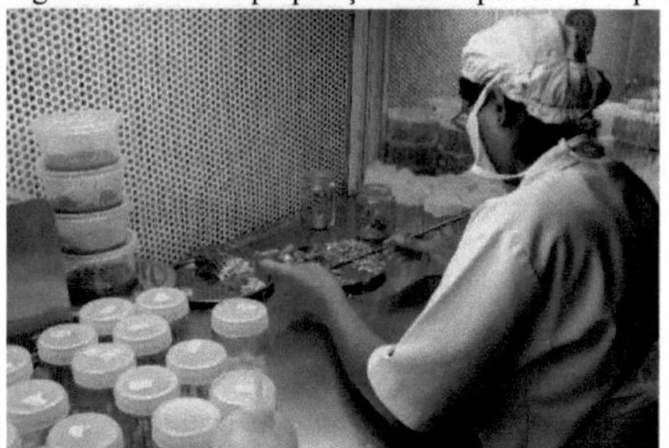

Figura 3.5 Área de transferência - trabalho no armário de fluxo de ar laminar

Figura 3.6 Sala de cultura com prateleiras para guardar recipientes de cultura.

Capítulo 4
4. Preparação de meios nutritivos

O meio nutritivo utilizado para a cultura de tecidos deve ser composto pelos seguintes componentes,

- Nutrientes inorgânicos
- Fonte de energia de carbono
- Substâncias orgânicas
- Hormonas vegetais
- Agentes de solidificação
- Outros suplementos

Nutrientes inorgânicos

Os nutrientes inorgânicos adicionados aos meios de cultura são de dois tipos: macronutrientes e micronutrientes.

Macro nutrientes

Azoto (N), Fósforo (P), Potássio (K), Cálcio (Ca), Magnésio (Mg) e Enxofre

(S) são classificados como macro nutrientes.

Micro nutrientes

O ferro (Fe), o manganês (Mn), o zinco (Zn), o boro (B), o cobre (Cu), o molibdénio

(Mo) e o cobalto (co) são micronutrientes necessários para o crescimento das plantas.

Fonte de energia de carbono

Na fase inicial, os explantes utilizados para a cultura de tecidos não têm a possibilidade de produzir energia através da fotossíntese. Por conseguinte, é necessário adicionar uma fonte de energia de carbono. Para este efeito, podem ser utilizadas sacarose, glucose, frutose e maltose.

Substâncias orgânicas

As vitaminas e os aminoácidos são adicionados como substâncias orgânicas ao meio nutritivo.

As vitaminas catalisam várias reacções metabólicas e os aminoácidos são utilizados para promover o crescimento celular. O ácido nicotínico (vitamina B3) e o cloridrato de piridoxina (vitamina Be) são normalmente utilizados na preparação do meio Murishige e Skoog. A biotina (vitamina H), o ácido ascórbico (vitamina C), o cloridrato de tiamina (vitamina Bi) e o ácido pantoténico (vitamina B5) são utilizados na preparação de meios.

A caseína, a glutamina, a adenina e a glicina são aminoácidos amplamente utilizados na cultura de tecidos para a preparação de meios. Para além destes, a arginina, a cisteína e a asparanina também são utilizadas na preparação de meios.

Hormonas vegetais

Os reguladores de crescimento das plantas são importantes na cultura de tecidos vegetais, uma vez que desempenham papéis vitais no alongamento do caule, no tropismo e na dominância apical. São geralmente classificados nos seguintes grupos: auxinas, citocininas, giberelinas, ácido abscísico e etileno.

Existem 5 classes principais de reguladores de crescimento das plantas.

- Auxinas: promovem a divisão celular e o crescimento celular.

- Citocininas: promovem a divisão celular, o crescimento e o desenvolvimento

- Giberelinas: A principal ação da giberilina é a estimulação do alongamento do caule celular e da floração.

- Ácido abscísico: Principalmente envolvido nas respostas água-tronco, germinação de sementes e melhora a embriogénese somática.

- Etileno: é gasoso e está associado ao amadurecimento dos frutos climatéricos. Além disso, a proporção de auxinas e citocininas determina o tipo e a extensão da organogénese nas culturas de células vegetais. Existem alguns tipos principais de hormonas vegetais utilizadas na cultura de tecidos. Entre elas, a auxina e a citocinina são os dois tipos de hormonas mais importantes e mais utilizados na preparação de meios de cultura. A auxina é muito importante para o enraizamento, o alongamento de rebentos, a totipotência e a dominância apical.

Ex: Ácido indole-acético (IAA)

Ácido indole butírico (IBA)

A citocinina desempenha um papel importante na divisão celular, na formação de gemas e no desenvolvimento

Ex: Kinetin

Benzil amino purina (BAP)

Para além disso, o ácido gibelérico e o ácido absísico são utilizados em pequenas quantidades em técnicas de cultura de tecidos.

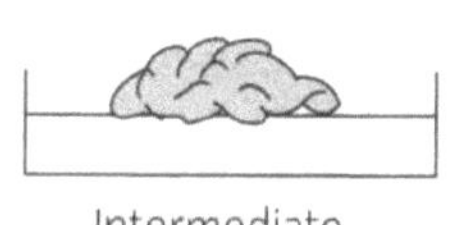

Figura 4.1 Efeitos de diferentes proporções de substâncias de crescimento vegetal na cultura de tecidos

Agentes solidificadores

Os agentes solidificantes são utilizados para preparar meios de cultura semi-sólidos e sólidos. O ágar é o agente solidificante mais utilizado na preparação de meios de cultura. Este agente é extraído de uma alga marinha, as algas vermelhas. Para além disso, a farinha de milho ou a gelatina podem ser utilizadas para solidificar os meios.

Outros suplementos

Alguns meios são suplementados com substâncias ou extractos naturais, tais como hidrolisados de proteínas, leite de coco, extrato de levedura, extrato de malte, banana moída, sumo de laranja e sumo de tomate, para testar o seu efeito no aumento do crescimento. Atualmente, é comum adicionar uma grande variedade de extractos orgânicos aos meios de cultura. O carvão ativado é por vezes adicionado aos meios de cultura, podendo ter um efeito benéfico ou prejudicial. A explicação do modo de ação do carvão ativado baseou-se na adsorção de compostos inibitórios do meio, na adsorção de reguladores de crescimento do meio de cultura ou no escurecimento do meio.

MS Meio e composição

Quadro 4.1 Composição do meio MS Constituinte Concentração final (mg/l)

Sal maior	Quantidade (mg)
NH_4NO_3	1650
KNO_3	1900.00
$CaCl_2.7H_2O$	440.00

MgSO4.7H2O	370.00
KH2PO4	170.00
Menor	
KI	0.83
H3BO3	6.20
MnSO47H2O	22.30
ZnSO4	8.6
NaMoO4	0.25
C11SO4	0.025
C0CI2	0.025
Fonte de ferro	
FeSO4 .7H2O	27.8
Na-EDTA2H2O	37.3
Sacarose	30000

Vitaminas e produtos biológicos

- Myo-Inositol 100 mg/l
- Ácido nicotínico0,5mg/l
- Piridoxina - HCl 0,5 mg/l
- Tiamina - HCl 0,1 mg/l

- Glicina 2 mg/l
- Hidrolisado de lactoalbumina (Edamin) (facultativo) 1 g/l

O meio Murashige e Skoog (MS) é um meio de crescimento de plantas utilizado nos laboratórios para a cultura de tecidos de plantas. O meio MS foi inventado por cientistas de plantas chamados Toshio Murashige e Folke K. Skoog em 1962 durante a procura de Murashige por um novo regulador de crescimento de plantas. Juntamente com as suas modificações, é o meio mais utilizado em experiências de cultura de tecidos de plantas em laboratórios.

O meio Murashige e Skoog é a primeira escolha, uma vez que tem uma composição equilibrada em relação a outros meios. A composição de macro, micronutrientes, vitaminas e substâncias orgânicas é altamente adequada para a maioria das espécies de plantas. No entanto, para espécies vegetais específicas e com base no tipo de ex-planta (meristema/folha/pétala/ântropo/óvulo/embrião/semente) é por vezes necessário utilizar outro tipo de meio ou outra versão modificada do meio MS.

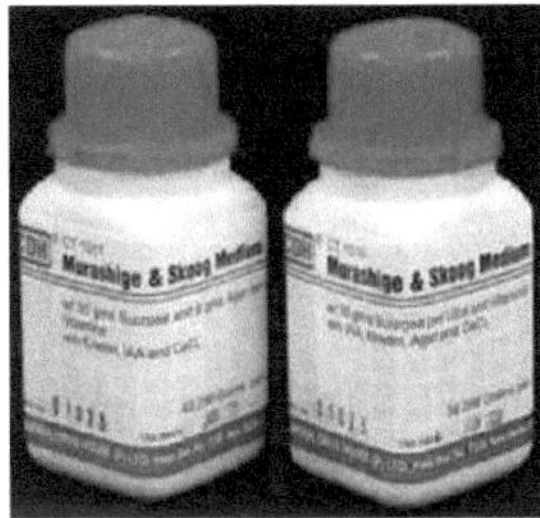

Quadro 4.2 Comparação de meios de cultura de tecidos de plantas comuns

	Concentração no meio de cultura (mg/litro)		
Constituinte	EM	SH (Shenck e Hildebrandt)	B5
KNO$_3$	1900	2500	2500

NH_4NO_3	1650		
$NH_4H_2PO_4$		300	
$(NH_4)_2SO_4$			134
$MgSO_4 \cdot 7H_2O$	370	400	250
$CaCl_2 \cdot 2H_2O$	440	200	150
KH_2PO_4	170		
$NaH_2PO_4 \cdot H_2O$			150
$MnSO_4 \cdot H_2O$		10.0	10.0
$MnSO_4 \cdot 4H_2O$	22.3		
KI	0.83	1.0	0.75

H3BO3	6.2	5.0	3.0
ZnSO4-7H2O	8.6	1.0	2.0
CuSO4-5H2O	0.025	0.2	0.025
Na2MoO4-2H2O	0.25	0.1	0.25
CoCl2-6H2O	0.025	0.1	0.025
FeSO4-7H2O	27.8	15.0	27.8
Na2EDTA	37.3	20.0	37.3
Ácido nicotínico	0.5	5.0	1.0
Piridoxina-HCI	0.5	0.5	1.0
Tiamina-HCI	0.1	5.0	10.0

myo-Inositol	100	1000	100
Glicina	2.0		
Sacarose	30000	30000	20000

Em meios complexos como estes, constituídos por muitos componentes, há um grande número de permutações de substâncias e concentrações a testar para compor um meio ideal para uma determinada espécie de planta e genótipo. Quando se trabalha com uma espécie nova para o utilizador, o primeiro lugar para começar é na literatura, descobrindo o que outras pessoas utilizaram para essa espécie ou para uma espécie estreitamente relacionada. Contudo, pode haver diferenças consideráveis nas necessidades de diferentes cultivares. Na prática, os investigadores podem testar vários meios de cultura basais, mas apenas tentam otimizar alguns componentes, em particular, os reguladores de crescimento de plantas (PGRs).

Capítulo 5
5. Micropropagação

A micropropagação é a cultura asséptica de células, pedaços de tecido ou órgãos utilizando métodos modernos de cultura de tecidos vegetais. É possível regenerar novas plantas a partir de pequenos pedaços de tecido vegetal porque cada célula de uma determinada planta tem a mesma composição genética e é totipotente, ou seja, capaz de se desenvolver ao longo de uma via "programada" que conduz à formação de uma planta inteira idêntica à planta de onde foi derivada.

Para além das suas aplicações biotecnológicas, a micropropagação é utilizada comercialmente para a propagação assexuada de plantas. Utilizando a micropropagação, milhões de novas plantas podem ser derivadas de uma única planta. Esta multiplicação rápida permite que os criadores e cultivadores introduzam novas cultivares muito mais cedo do que se utilizassem técnicas de propagação convencionais, como as estacas. A micropropagação também pode ser utilizada para estabelecer e manter um stock de plantas sem vírus. Isto é feito através da cultura do meristema apical da planta, que normalmente não está infetado por vírus, embora o resto da planta possa estar. Uma vez desenvolvidas novas plantas a partir do meristema apical, estas podem ser mantidas e vendidas como plantas isentas de vírus. A micropropagação difere de todos os outros métodos de propagação convencionais pelo facto de as condições assépticas serem essenciais para o seu sucesso. O processo de micropropagação pode ser dividido em cinco fases:

Fase 0

A etapa inicial da micropropagação, em que as plantas-mãe têm de ser cultivadas em condições controladas para obter explantes antes de serem utilizadas para o início da cultura. Estas devem estar isentas de doenças e pragas. Para a micropropagação, é preferível utilizar plantas-mãe na fase vegetativa, mas se as plantas estiverem na fase adulta, remover o botão apical e pulverizar hormonas de crescimento para induzir o crescimento vegetativo. As plantas-mãe devem ser mantidas em casas fechadas e devem ser aplicados repelentes de insetos e os fungicidas necessários.

Factores a ter em conta na seleção das plantas-mãe:
- Idade da instalação

- Época

- Explosão

- Qualidade das plantas

Fase I

Um pedaço de tecido vegetal (chamado explante) é..,

(a) separadas da planta, (b) desinfestadas (remoção de contaminantes superficiais), e

(c) colocadas num meio. Um meio contém normalmente sais minerais, sacarose e um

agente solidificante, como o ágar. O objetivo desta fase é obter uma cultura asséptica.

Uma cultura asséptica é uma cultura sem bactérias ou fungos contaminantes.

Fase II

Um explante em crescimento pode ser induzido a produzir rebentos vegetativos

através da inclusão de uma citocinina no meio. Uma citocinina é um regulador de

crescimento vegetal que promove a formação de rebentos a partir de células vegetais

em crescimento.

Fase III

Os rebentos em crescimento podem ser induzidos a produzir raízes adventícias

através da inclusão de uma auxina no meio. As auxinas são reguladores de

crescimento de plantas que promovem a formação de raízes. Para plantas de

enraizamento fácil, uma auxina não é normalmente necessária e muitos laboratórios

comerciais saltam esta etapa.

Fase IV

Um rebento em crescimento e enraizado pode ser retirado da cultura de tecidos e

colocado no solo. Quando isto é feito, a humidade deve ser gradualmente reduzida ao

longo do tempo, porque as plantas cultivadas em tecidos são extremamente

susceptíveis a murchar. A temperatura óptima para a cultura situa-se entre 20-28°C

(para a maioria 24-26°C). Uma intensidade de luz mais baixa é mais apropriada para

uma boa micropropagação.

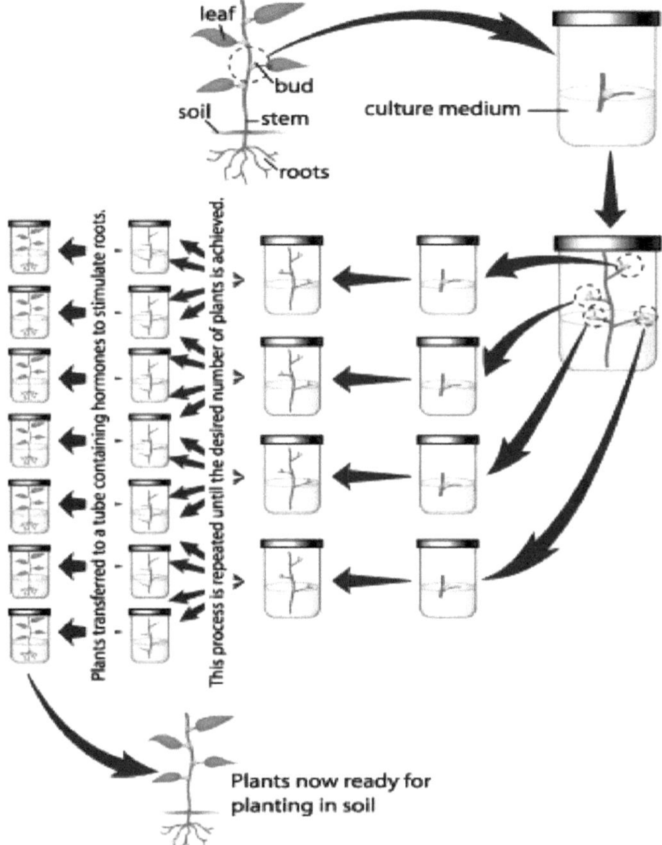

Figura 5.1 Etapas da micropropagação

Métodos de micropropagação

A micropropagação envolve sobretudo a propagação clonal *in vitro* através de duas abordagens:

1. Multiplicação por gomos axilares/ rebentos apicais

2. Multiplicação por rebentos adventícios

Para além das duas abordagens acima referidas, os processos de regeneração das plantas, nomeadamente a organogénese e a embriogénese somática, podem também ser tratados como micropropagação.

3. Organogénese: A formação de órgãos individuais, tais como rebentos e raízes, diretamente a partir de um explante (sem meristema pré-formado) ou a

partir de calo e cultura de células induzidas a partir do explante.

4. Embriogénese somática: A regeneração de embriões a partir de células, tecidos ou órgãos somáticos.

1. *Multiplicação por gomos axilares e rebentos apicais:*

Os meristemas em divisão ativa estão presentes nos rebentos axilares e apicais (pontas dos rebentos). Os botões axilares localizados nas axilas das folhas são capazes de se desenvolver em rebentos. No entanto, no estado in vivo, apenas um número limitado de meristemas axilares pode formar rebentos. Através da multiplicação in vitro induzida em micropropagação, é possível desenvolver plantas a partir de culturas de meristemas e de pontas de rebentos e de culturas de gemas.

<u>Culturas de meristemas e de pontas de rebentos:</u>

O meristema apical é uma cúpula de tecidos localizada na ponta de um rebento. O meristema apical, juntamente com os primórdios foliares jovens, constitui o ápice do rebento. Para o desenvolvimento de plantas sem doenças, as pontas dos meristemas devem ser cultivadas. O meristema ou ponta de rebento é isolado de um caule através de um corte em forma de V. O tamanho (frequentemente 0,2 a 0,5 mm) da ponta é fundamental para a cultura. Em geral, quanto maior for o explante (ponta de rebento), maiores são as hipóteses de sobrevivência da cultura. Para obter bons resultados de micropropagação, os explantes devem ser retirados das pontas de rebentos em crescimento ativo, e a altura ideal é no fim do período de dormência das plantas.

Um dos meios mais usados para a cultura de meristemas é o meio MS. Uma representação diagramática da cultura da ponta de rebento (ou meristema) na micropropagação é apresentada na Figura 5.2 e descrita brevemente a seguir.

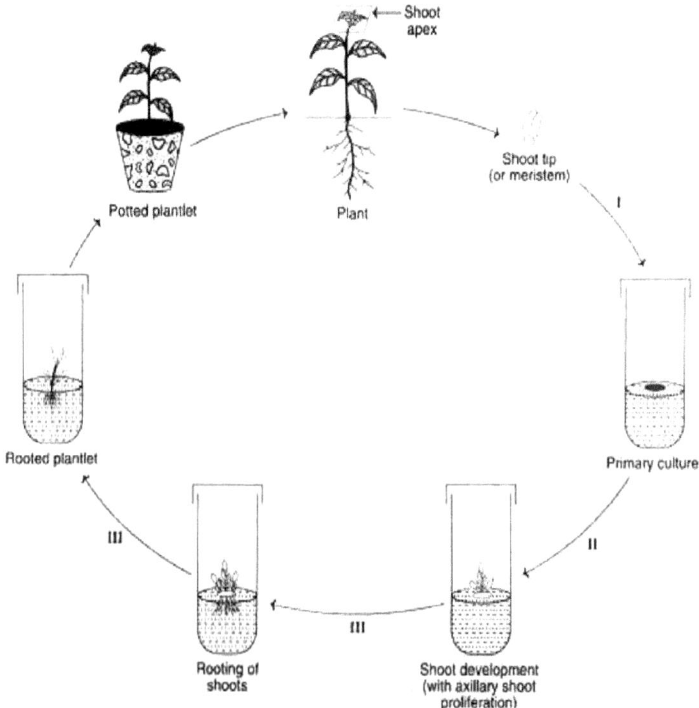

Figura 5.2 Etapas da cultura da ponta de rebento (ou meristema) em micropropagação. I, II e III
representam as fases da micropropagação, respetivamente.

<u>Culturas Bud</u>:

Os gomos das plantas possuem meristemas quiescentes, dependendo do estado fisiológico da planta. São utilizados dois tipos de culturas de gemas;

- Cultura de nó único
- Cultura de gemas axilares.

Cultura de nó único:

Um botão, juntamente com um pedaço de caule, é isolado e cultivado para se desenvolver numa plântula. Utilizam-se botões fechados para reduzir as probabilidades de infecções. Na cultura de nó único, não se adiciona citocinina.

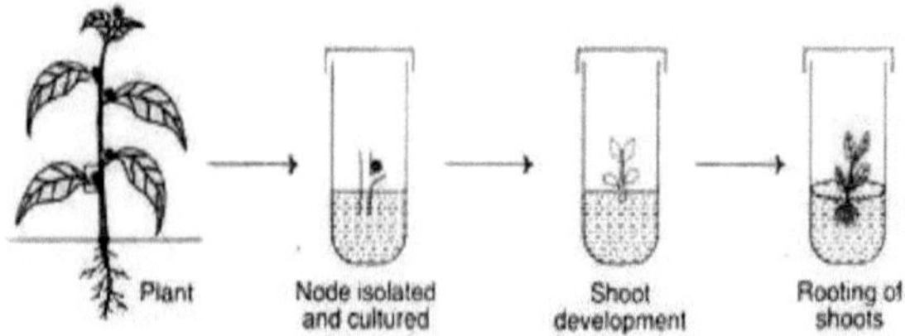

Figura 5.3 Etapas da cultura de um único nó

Cultura de gemas axilares:

Neste método, é isolada uma ponta de rebento juntamente com um botão axilar. As culturas são efectuadas com uma concentração elevada de citocinina. Para induzir a formação de gemas axilares através da inibição da dominância apical.

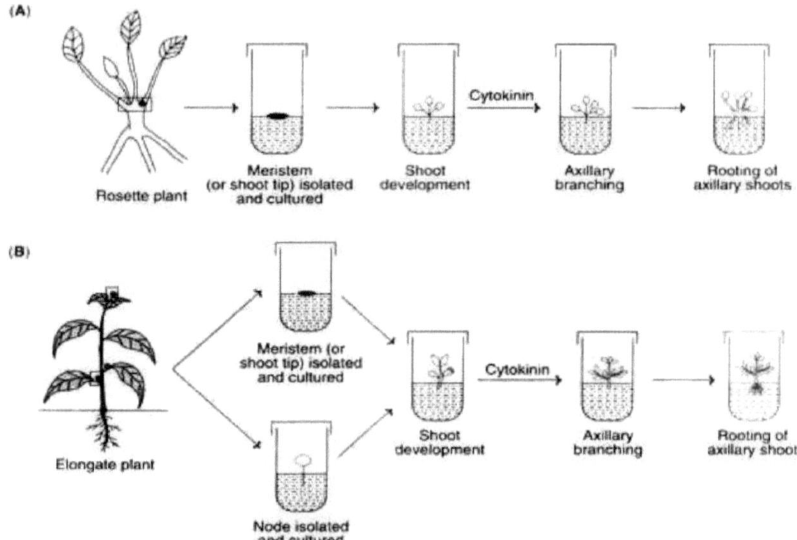

Figura 5.4 Etapas da micropropagação de plantas por gema axilar (ou ponta de rebento) (A) Planta em roseta (arbusto), (B) Planta alongada

2. *Multiplicação por rebentos adventícios:*

As estruturas do caule e das folhas que se formam naturalmente em tecidos vegetais localizados em locais diferentes das regiões normais da axila foliar são consideradas rebentos adventícios. Existem muitos rebentos adventícios que incluem caules, bolbos, tubérculos e rizomas. Os rebentos adventícios são úteis para a propagação clonal in *vivo* e *in vitro*. As regiões meristemáticas dos rebentos adventícios podem ser induzidas num meio adequado para se regenerarem em plantas.

3. *Organogénese:*

A organogénese é o processo de morfogénese que envolve a formação de vários órgãos vegetais, tais como rebentos, raízes, flores e botões a partir de explantes ou de tecidos vegetais cultivados. É de dois tipos;

1. organogénese direta
2. indirectamenteganogénese

<u>Organogénese direta</u>:

Os tecidos das folhas, caules, raízes e inflorescências podem ser diretamente cultivados para produzir órgãos vegetais. Na organogénese direta, o tecido sofre morfogénese sem passar por uma fase de cultura de calos ou de células em suspensão. O termo formação direta de órgãos adventícios também é utilizado para a organogénese direta.

A indução da formação de rebentos adventícios diretamente em raízes, folhas e vários outros órgãos de plantas intactas é um método amplamente utilizado para a propagação de plantas. Esta abordagem é particularmente útil para espécies herbáceas. Para uma organogénese adequada no sistema de cultura, é necessário controlar os níveis de reguladores de crescimento, auxina e citocinina.

<u>Organogénese indireta</u>:

Quando a organogénese ocorre através da formação de calos ou de culturas de células em suspensão, é conhecida como organogénese indireta. O crescimento de calos pode ser estabelecido a partir de muitos explantes (folhas, raízes, cotilédones, caules, pétalas de flores, etc.) para a organogénese subsequente.

É altamente vantajoso selecionar tecidos meristemáticos (ponta de rebento, folha e pecíolo) para uma organogénese indireta eficiente. Isto deve-se ao facto de a sua taxa de crescimento e de sobrevivência serem muito melhores.

Para a organogénese indireta, as culturas podem ser cultivadas em meio líquido ou em meio sólido. Muitos meios de cultura (MS, B5 White's, etc.) podem ser usados na organogénese. A concentração de reguladores de crescimento no meio é crítica para a organogénese.

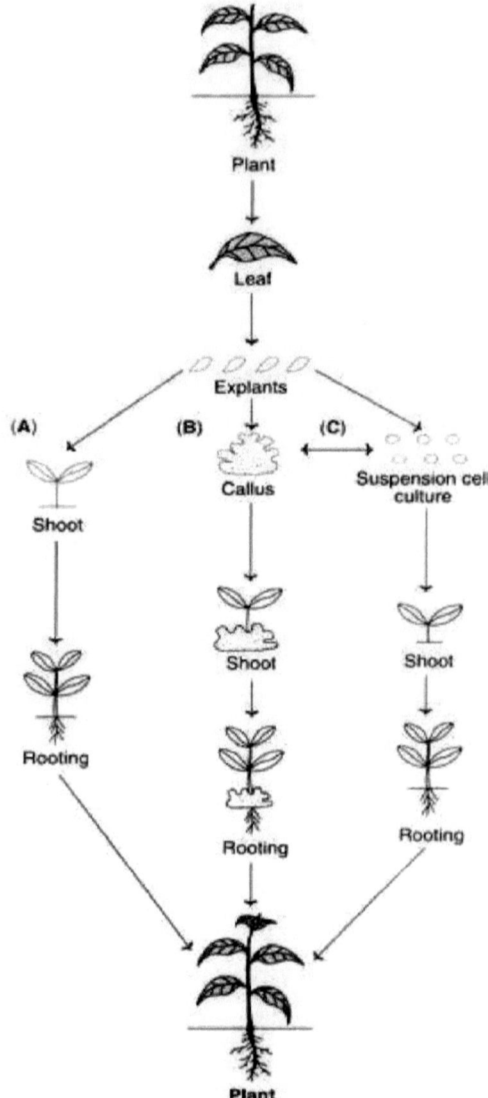

Figura 5.5 Micropropagação de plantas por oroanoenese. (A) Oroanótese direta (B) Oroanótese indireta através de calo (C) Oroanótese indireta através de cultura em suspensão

Ao variar as concentrações de auxinas e citocininas, a organogénese *in vitro* pode ser manipulada:

3. Uma concentração baixa de auxina e de citocinina induzirá a formação de

calos.

11. Uma concentração baixa de auxina e alta de citocinina promoverá a organogénese de rebentos a partir de calos.

111. Uma concentração elevada de auxina e uma concentração baixa de citocinina induzirão a formação de raízes.

4. *Embriogénese somática:*

O processo de regeneração de embriões a partir de células, tecidos ou órgãos somáticos é considerado embriogénese somática (ou assexuada). A embriogénese somática pode resultar em embriões não zigóticos ou embriões somáticos (formados diretamente a partir de órgãos somáticos), embriões partogenéticos (formados a partir de um óvulo não fertilizado) e embriões androgénicos (formados a partir do gametófito masculino). De um modo geral, quando o termo embrião somático é utilizado, implica que é formado a partir de tecidos somáticos em condições *in vitro*. Os embriões somáticos são estruturalmente semelhantes aos embriões zigóticos (formados sexualmente) e podem ser excisados dos tecidos progenitores e induzidos a germinar em meios de cultura de tecidos.

O desenvolvimento de embriões somáticos pode ser efectuado em culturas de plantas utilizando células somáticas, nomeadamente a epiderme, as células parenquimatosas dos pecíolos ou o floema da raiz secundária. Os embriões somáticos surgem a partir de células individuais localizadas no interior de aglomerados de células meristemáticas no calo ou na suspensão celular. Primeiro forma-se um pró-embrião que depois se desenvolve num embrião e, finalmente, numa planta.

São conhecidas duas vias de embriogénese somática - direta e indireta (Figura 5.6).

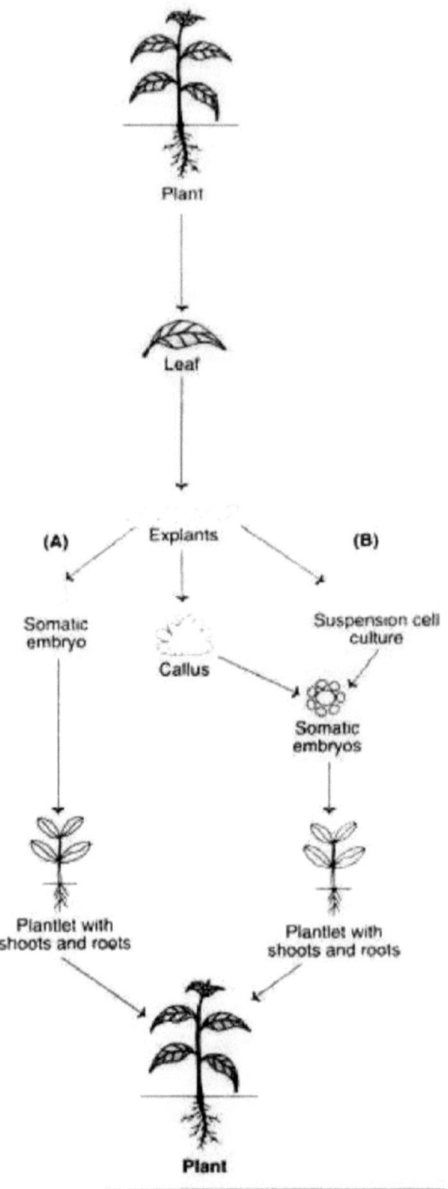

Figura 5.6Micropropagação de plantas por embriogénese. (A) Embriogénese direta (B) Embriogénese indireta

Embriogénese somática direta:

Quando os embriões somáticos se desenvolvem diretamente na planta excisada (explante) sem passar pela formação de calo, é referido como embriogénese somática direta (Figura 5.7A). Isto é possível devido à presença de determinadas células pré-embrionárias que se encontram em certos tecidos das plantas. A caraterística da embriogénese somática direta é evitar a possibilidade de introduzir variações somaclonais nas plantas propagadas.

<u>Embriogénese somática indireta:</u>

Na embriogénese indireta, as células do explante (tecidos vegetais excisados) são levadas a proliferar e a formar calos, a partir dos quais podem ser criadas culturas em suspensão celular. Certas células, designadas por células genéticas embrionárias induzidas, podem formar embriões somáticos a partir da suspensão de células. A embriogénese é possível graças à presença de reguladores de crescimento (em concentração adequada) e a condições ambientais inadequadas. A embriogénese somática (direta ou indireta) pode ser realizada numa vasta gama de meios (por exemplo, MS, White's). A adição do aminoácido L-glutamina promove a embriogénese. A presença de auxinas, como o ácido 2,4-diclorofenoxiacético, é essencial para a iniciação dos embriões. Num meio com baixo teor de auxina ou sem auxina, os tufos embriogénicos desenvolvem-se em embriões maduros.

A embriogénese somática indireta é comercialmente muito atractiva, uma vez que pode ser gerado um grande número de embriões num pequeno volume de meio de cultura. Os embriões somáticos assim formados são sincrónicos e com boa capacidade de regeneração.

Sementes artificiais de embriões somáticos

As sementes artificiais podem ser produzidas por encapsulamento de embriões somáticos. Os embriões, revestidos com alginato de sódio e solução nutritiva, são mergulhados numa solução de cloreto de cálcio. Os iões de cálcio induzem uma reticulação rápida do alginato de sódio, dando origem a pequenas esferas de gel, cada uma contendo um embrião encapsulado. Estas sementes artificiais (embriões encapsulados) podem ser mantidas num estado viável até serem plantadas.

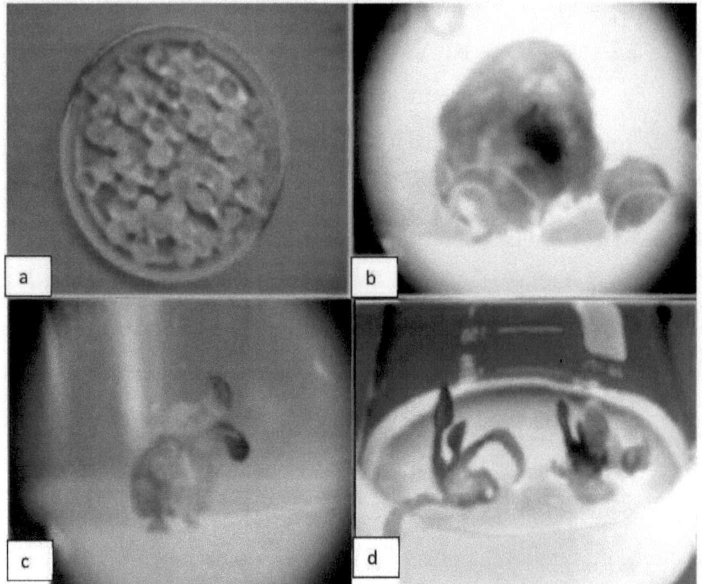

Figura 5.7 Embrião somático encapsulado (a), fase inicial da germinação da semente (b) semente germinada (c), planta obtida a partir de semente sintética e (d)

Factores que afectam a micropropagação

Para uma propagação clonal in vitro bem sucedida (micropropagação), é necessária a otimização de vários factores. Alguns destes factores são descritos sucintamente.

1. Genótipo da planta:

A seleção do genótipo correto da espécie vegetal (por triagem) é necessária para melhorar a micropropagação. Em geral, as plantas com germinação vigorosa e capacidade de ramificação são mais adequadas para a micropropagação.

2. Estado fisiológico dos explantes:

Os explantes (materiais vegetais) de partes de plantas produzidas mais recentemente são mais eficazes do que os de regiões mais antigas. Um bom conhecimento do processo de propagação natural das plantas dadoras, com especial referência à fase de crescimento e à influência sazonal, será útil na seleção dos explantes.

3. Meios de cultura:

Os meios normais de cultura de tecidos vegetais são adequados para a micropropagação durante a fase I e a fase II. Contudo, para a fase III, são necessárias algumas modificações. É necessária a adição de reguladores de crescimento (auxinas e citocininas) e alterações na composição mineral. Isto depende em grande medida do tipo de cultura (meristema, rebento, etc.).

4. Ambiente cultural:

<u>Luz:</u>

Os pigmentos fotossintéticos nos tecidos cultivados absorvem a luz e influenciam a micropropagação. A qualidade da luz é importante para influenciar o crescimento *in vitro* de rebentos, por exemplo, a luz azul induziu a formação de botões em rebentos de tabaco. As variações na iluminação diurna também

influenciam a micropropagação. Em geral, uma iluminação de 16 horas de dia e 8 horas de noite é satisfatória para a proliferação de rebentos.

<u>Temperatura:</u>

Para a micropropagação, a temperatura óptima é de cerca de 25°C. No entanto, podem existir algumas excepções de acordo com a variedade da planta.

<u>Composição da fase gasosa:</u>

A constituição da fase gasosa nos recipientes de cultura também influencia a micropropagação. O crescimento desorganizado das células é geralmente promovido pelo etileno, O_2, CO_2, etanol e acetaldeído.

<u>Factores que afectam o enraizamento *in vitro*:</u>

Para um enraizamento *in vitro* eficaz durante a micropropagação, é vantajosa uma baixa concentração de sais (redução para metade a um quarto da concentração original). A indução de raízes é também promovida pela presença de uma auxina adequada (NAA ou IBA).

Capítulo 6
6. Iniciação e estabelecimento de cultura asséptica

O fator fundamental mais necessário é a manutenção de condições assépticas durante todo o processo.

todo o processo.

I. Instrumentos e produtos químicos para a preparação dos meios:

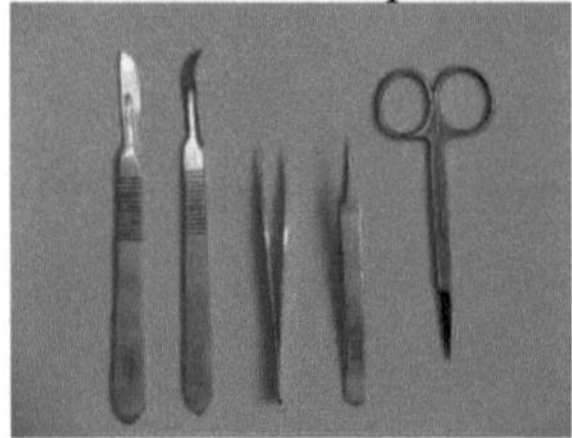 

II. Laboratório de cultura de tecidos corretamente planeado

III. Operadoreuniforme

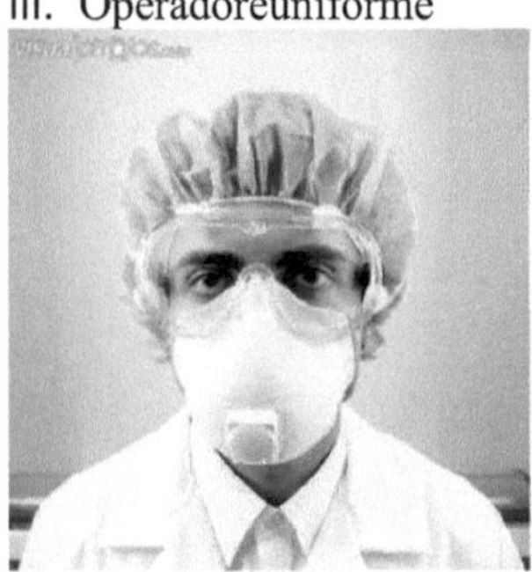 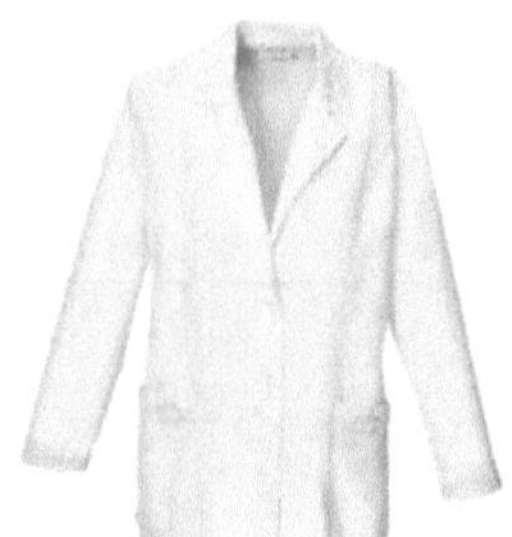 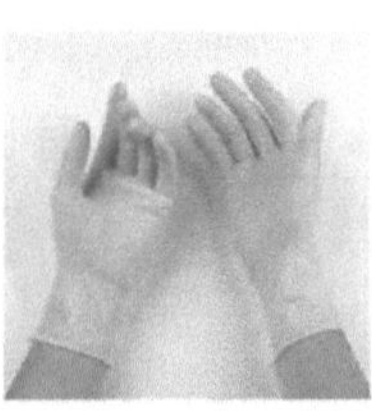

IV. Explosivos

V. Agentes esterilizantes

VI.
- Lixívia líquida para a roupa (NaOCl a 5-6% em volume)
    1. Enxaguar abundantemente após o tratamento
    2. Normalmente diluído a 5-20% v/v em água; 10% é o mais comum
- Hipoclorito de cálcio - Ca(OCl)$_2$
- Etanol (EtOH)
    1. 95% utilizado para a desinfestação de tecidos vegetais
    2. Mata por desidratação
    3. Normalmente utilizado em intervalos de tempo curtos (10 seg - 1 min)
    4. 70% utilizado para desinfetar superfícies de trabalho, mãos de trabalhadores
- Por vezes, recomenda-se a utilização de álcool isopropílico (álcool isopropílico)

Capítulo 7
7. Méritos e deméritos da micropropagação

Méritos da micropropagação

A micropropagação oferece várias vantagens em relação aos métodos convencionais de propagação (vegetativa e sexual) através da produção em grande escala

- A multiplicação de rebentos pode ser conseguida num espaço reduzido - porque são produzidas plântulas em miniatura
- Apenas uma pequena quantidade de tecido inicial é necessária para um grande número de plantas clonais
- Sem flutuações sazonais, propagação contínua durante todo o ano
- Plantas homogéneas
- As plântulas produzidas estão isentas de microrganismos (eliminação de doenças entófitas)
- A propagação é feita em condições estéreis - Não há danos causados por insectos e doenças
- Se for utilizado material isento de vírus, pode obter-se um grande número de plantas isentas de vírus
- Não são necessários cuidados especiais entre duas subculturas, em comparação com os sistemas vegetativos convencionais (abrolhamento/enxertia)
- A planta-mãe ou o genótipo da planta-mãe podem ser armazenados e mantidos in vitro sem serem danificados por factores ambientais
- As plantas, que são difíceis de propagar vegetativamente por métodos convencionais, podem ser propagadas por este método
- Técnicas especializadas de controlo do crescimento (microenxertia em porta-enxertos ananicantes)
- Sendo estéril, o transporte entre países é permitido sem dificuldades

Desvantagens da micropropagação

- Capital intensivo

  Os métodos de micropropagação através de CT envolvem materiais dispendiosos e de capital intensivo, como autoclave, bancada de fluxo de ar laminar, salas de cultura controlada, *etc*

- Trabalho de tipo qualificado

  Trata-se de um trabalho tecnicamente qualificado São necessários conhecimentos sobre materiais, técnicas e tomada de decisões nas pessoas

- Contaminações

  A contaminação é uma ameaça séria que pode causar danos graves ao material e aumentar substancialmente o custo de produção

- Trabalho de tipo qualificado

  Trata-se de um trabalho tecnicamente qualificado. São necessários conhecimentos sobre materiais, técnicas e tomada de decisões.

- A estabilidade genética é duvidosa em certos métodos

- Elevado custo das plântulas - Trata-se de uma indústria de capital intensivo, pelo que, se as plantas forem produzidas em pequenas quantidades, o seu custo é demasiado elevado. O custo é um fator importante para a produção e venda de plantas cultivadas em cultura de tecidos.

- Pode ocorrer vitrificação, o que reduz a taxa de multiplicação do crescimento da planta e acaba por provocar a sua morte.

Capítulo 8
8. Aplicações da cultura de tecidos de plantas

Agricultura

> Cultura de anteras e pólen na produção de plantas haplóides.

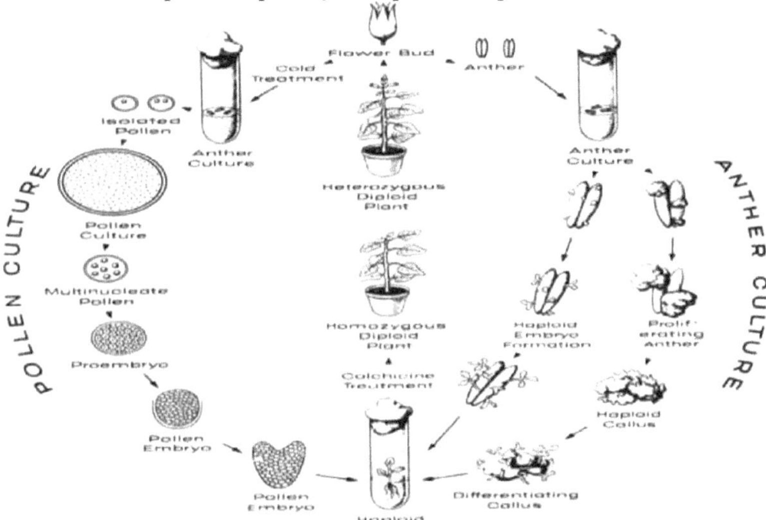

Figura 8.1 Etapas da cultura de anteras e pólen na produção de plântulas haplóides

> Produção de plantas isentas de vírus para uma transferência segura de germoplasma.
> Seleção de linhas *in vitro* para resistência ao stress e a doenças.
> As variações somaclonais têm sido utilizadas em programas de melhoramento de plantas, em que as variações genéticas com caracteres desejados ou melhorados são introduzidas nas plantas.

Horticultura e silvicultura

> O método de micropropagação é utilizado para a multiplicação rápida de plantas ornamentais, assim como de árvores importantes que produzem combustível, polpa, frutos ou óleo em grande escala (Quadro 8.1).

> o Exemplos: Palma de óleo, regeneração *in vitro* e transformação genética de coníferas

Indústrias

> A cultura de células vegetais é utilizada para a biotransformação (modificação de grupos funcionais de compostos orgânicos por células vivas).

> Os biotecnólogos alimentares e agrícolas estão envolvidos na utilização de ferramentas da biologia molecular para melhorar a qualidade e a quantidade dos

alimentos e das culturas económicas. Por exemplo, o arroz dourado foi geneticamente melhorado com beta-caroteno adicionado, que é um precursor da vitamina A no corpo humano.

> As células vegetais podem ser cultivadas em fermentadores para a produção industrial de metabolitos secundários utilizando a cultura de células.

Possíveis domínios de investigação
> Micropropagação *in vitro* e extração de metabolitos secundários de plantas medicinais.

Quadro 8.1 Espécies de plantas e metabolitos secundários obtidos a partir delas utilizando tecidos
Técnicas culturais

Produto	Fonte vegetal	Utilizações
Artemisina	*Artemisia spp*	Antimaláricos
Capsaicina	*Capsicum annum*	Cura as dores reumáticas
Codeína	*Papaver spp.*	Analgésico
Camptotecina	*Campatotheca accuminata*	Anticancerígeno
Quinino	*Cinchona officinalis*	Antimaláricos

Capítulo 9

9. Utilização de materiais de cultura de tecidos de baixo custo para a iniciação e multiplicação de plantas

No mundo, mais de 50.000 variedades de plantas são propagadas com sucesso utilizando a cultura de tecidos e 95% destas são propagadas por cerca de 600 laboratórios comerciais espalhados por todo o mundo desenvolvido, mas quando se considera os países em desenvolvimento, a cultura de tecidos está ainda numa fase de desenvolvimento.

As seguintes limitações da cultura de tecidos convencional tornaram-se obstáculos ao desenvolvimento da cultura de tecidos nos países em desenvolvimento

- Custo elevado do equipamento
- Custo elevado dos meios nutritivos e dos agentes esterilizantes
- Custo elevado das instalações
- Falta ou escassez de pessoal formado
- Falta de sistemas de comercialização/fornecimento de produtos de cultura de tecidos

O que implica a cultura de tecidos de baixo custo

Utilização de equipamento e recursos alternativos e, sempre que possível, disponíveis localmente, para reduzir o custo unitário dos produtos da cultura de tecidos sem comprometer a qualidade das plantas.

A cultura de tecidos vegetais tem três componentes que podem ser intervencionados para a produção de custos:

1. Produtos químicos (minerais, nutrientes, hormonas de crescimento das plantas, vitaminas)
2. Equipamento (recipientes de cultura, autoclave, câmara de fluxo de ar laminar, instrumentos utilizados na micropropagação, medidor de pH, *etc.*)
3. Estruturas laboratoriais (preparação de meios, área de transferência, salas de cultura)

Pontos em que podem ser aplicadas opções de cultura de tecidos de baixo custo
1. A substituição do equipamento da sala de preparação por opções de baixo custo tem sido
bem-sucedido

a. <u>Autoclave elétrico com panela de pressão</u>

O autoclave elétrico é caro; o tempo de aquecimento é longo, requer manutenção especializada em eletricidade, risco de choque elétrico. A panela de pressão é barata, eficiente, pode utilizar qualquer fonte de calor, fácil de manter e segura.

Figura 9.1 Panela de pressão
2. As pipetas e os cilindros caros e delicados podem ser substituídos por seringas baratas e resistentes

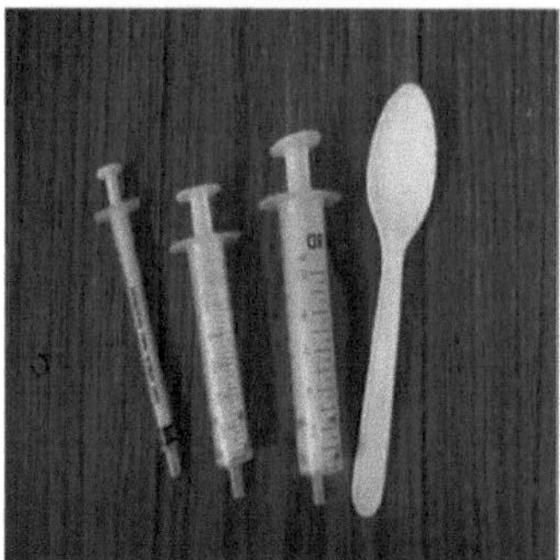

3. Em vez de nutrientes químicos de elevado custo, utilizar apoiantes do crescimento das plantas de baixo custo
como a cultura Maxxi
Baixo custo médio :
- Água potável pura ou água da chuva
- Açúcar
- Albertsolution
- Fertilizante líquido
- Lã de algodão
- Coconutsap

Meio de baixo custo - IL (Ex: Para cultura de tecidos de banana):

	A mistura de Albert	1g
	Maxxicrop	0,2 ml ou 1 comprimido de vitamina B
	Seiva de coco	50 ml
	Açúcar	30g
	IAA	2ml
	BAP	5ml
	Água potável pura ou água da chuva para o volume	

O pH final do meio deve ser de cerca de 5,6-5,8. Se o pH for inferior a 5,6, adicionar uma gota de solução de bicarbonato de sódio e, se o pH for superior a 5,8, adicionar uma gota de vinagre para ajustar o pH. Em seguida, colocar 2 g de algodão na base do recipiente de cultura (frasco de compota) e deitar 10-15 ml do meio.

O ágar caro pode ser substituído por sagu e alguns extractos de algas marinhas.

4. Utilização de comprimidos de vitaminas do complexo B em vez de diferentes vitaminas convencionais

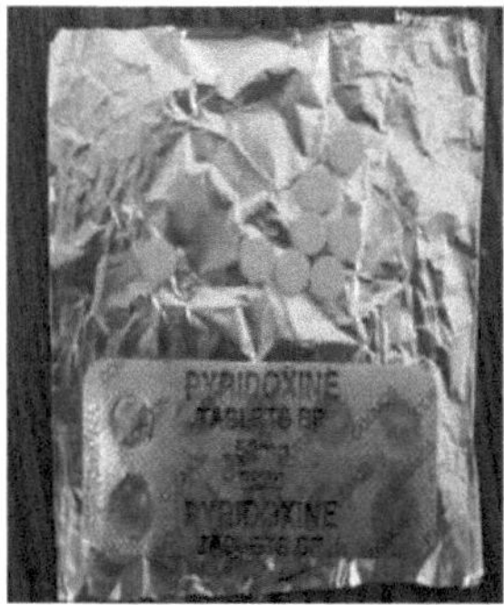

5. O NAA (Roocta) foi considerado tão eficaz como o NAA convencional.

6. Utilização de diferentes fontes de hormonas, como água de coco, sumo de tomate, etc.

7. Em vez de uma sala de crescimento convencional alimentada a eletricidade, utilizar uma sala de crescimento de baixo custo com luz solar natural.

Planeamento de um laboratório de cultura de tecidos de baixo custo

O laboratório de cultura de tecidos em pequena escala pode ser planeado de duas formas;

1. Conversão de uma sala de prevalência num laboratório de cultura de tecidos (Tipo I)

2. Construção de um novo laboratório de cultura de tecidos mais próximo do domicílio (Tipo II)

<u>Conversão de uma sala de prevalência num laboratório de cultura de tecidos</u>

Selecionar uma sala com uma área de 150 pés quadrados. É preferível selecionar um quarto isolado. Se se tratar de um quarto de um edifício de vários andares, seleccione um quarto de canto no andar superior. A limpeza do teto e das paredes deve ser fácil e regular. Se não houver teto, é melhor usar polietileno para o fazer. A entrada deve ser permitida apenas aos trabalhadores do laboratório.

<u>Construção de um novo laboratório de cultura de tecidos mais próximo do domicílio</u>

Um laboratório de cultura de tecidos é constituído por algumas secções. Estas podem ser mantidas em salas separadas ou num único espaço (Figura 9.4). No entanto, a sala de cultura e a área de transferência devem ser assépticas. Se o laboratório for mantido numa sala, separar essas duas áreas das outras secções com um biombo de plástico.

Diferentes secções do laboratório

A. Sala de cultura

B. Área de transferência

C. Secção de preparação dos meios de comunicação

D. Zona de esterilização

E. Zona de aclimatação e de endurecimento (anexa ao quarto)

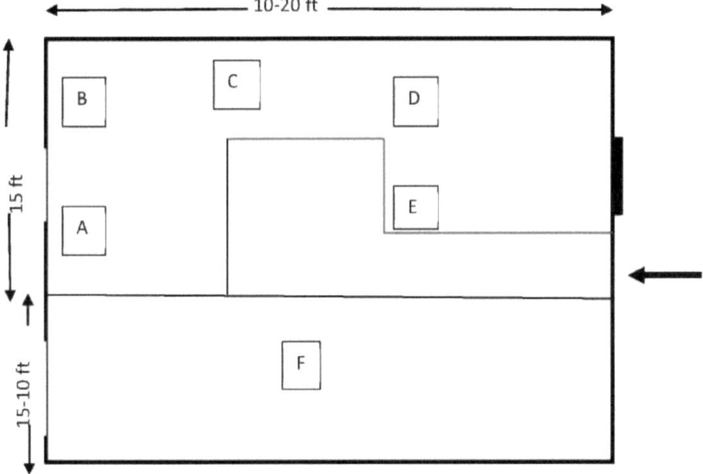

Figura 9.3A disposição de uma sala convertida num laboratório de cultura de tecidos (Tipo I)

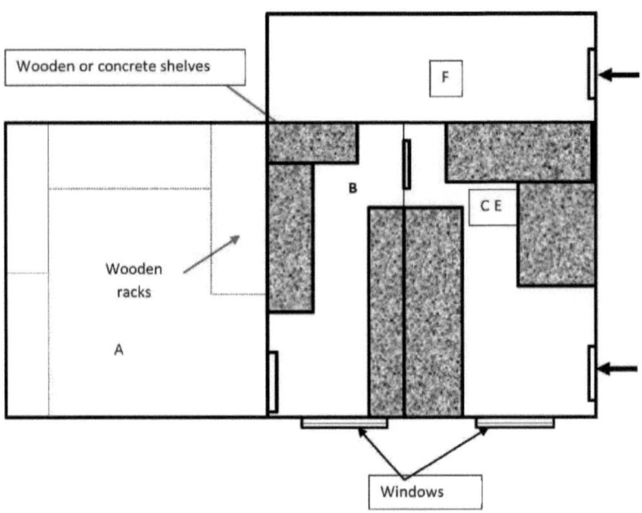

Figura 9.4 Laboratório de cultura de tecidos de tipo II
A. Sala de cultura

A secção mais importante de um laboratório de cultura de tecidos de plantas. Esta área deve ser altamente asséptica, uma vez que o êxito da cultura depende da limpeza desta área.

As prateleiras para colocar os recipientes de cultura devem ser feitas de aço ou madeira (90 cm de comprimento X 60 cm de largura). Lâmpadas fluorescentes de 60 cm de comprimento devem ser colocadas ao lado das prateleiras para suprir as necessidades diárias de luz durante 8-10 horas. Quando se utiliza a luz natural (Figura 9.5), em vez de paredes, devem ser utilizados ecrãs de vidro selados. Se possível, utilizar materiais de cobertura permeáveis na parte superior. Para reduzir o aumento da temperatura, pode ser utilizada uma rede de sombreamento preta. Os aparelhos de ar condicionado também são utilizados para o mesmo fim. A temperatura ambiente deve ser de 24º C-28º C.

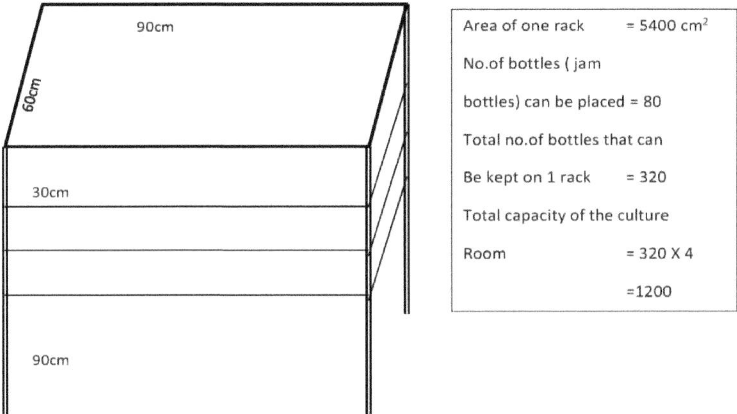

Figura 9.5Um suporte adequado para colocar recipientes de cultura

B. Área de transferência

Em vez de uma câmara de fluxo de ar laminar, pode ser utilizado um tanque de peixes virado de lado ou uma câmara construída através da fixação de painéis de vidro a uma estrutura de madeira ou alumínio (Figura 9.6). Esta câmara deve ser colocada numa área minimamente afetada pelo vento ou por outras alterações ambientais, longe de portas e janelas.

Figura 9.6 Exaustor laminar de baixo custo para trabalhos de cultura de tecidos de plantas

Capítulo 10
10. Abordagem dos problemas da cultura de tecidos de plantas

1) Crescimento de bactérias e fungos em culturas

   Manutenção de condições assépticas óptimas e inspeção regular da contaminação. Logo que se detecte um recipiente de cultura contaminado, tomar as precauções necessárias para eliminar essa cultura.

2) Escurecimento das culturas

   Isto ocorre devido à presença de substâncias fenólicas nas plantas. Para evitar este fenómeno, é possível efetuar subculturas frequentes e adicionar vitamina C (% de um comprimido de vitamina C) ou pó de carvão (2-5g/1L de meio).

3) Amarelecimento e morte das culturas

Motivo	Solução
a) Fungos e bactérias	Destruir as culturas
b) Disponibilidade reduzida de meios devido ao crescimento das culturas	Subcultura no tempo correto
c) Redução da circulação de ar no interior das garrafas (devido ao crescimento das plântulas)	Subcultura Para fechar as garrafas, utilizar um tampão de algodão

4) Danos causados pelos ácaros

   Existe uma certa possibilidade de propagação de ácaros a partir do ambiente exterior. Para o evitar, aplique um pesticida suave uma vez em cada 6 meses.

Referências

Bhojwani, Saran, S., Prem Kumar, D., (2013). Cultura de tecidos de plantas: Um Texto Introdutório. Publicações Springer.

Técnicas de micropropagação. [em linha] Disponível em: <http /biotecnologia/propagação-clonal/técnicas-de-micropropagação-factores-aplicações-e-desvantagens/10732 > [Acedido em 10 de julho de 2017].

Ogero, K. 0., Gitonga, N. M., Mwangi, M., Ombori, 0. e Ngugi, M. (2012) "Costeffective nutrient sources for tissue culture of cassava (Manihot esculenta Crantz)", 11(66), pp. 12964-12973. doi: 10.5897/AJB12.579.

Produção de Semente Sintética por Encapsulamento de Embrião Assexuado em Berinjela (Solanum melongena L.) Disponível <http://scialert.net/fulltext/?doi=ijar.2007.832.837> [Acedido em 15 de junho de 2017].

Saad, A. I. M. e Elshahed, A. M. (2012) "Plant Tissue Culture Media": Avanços recentes na cultura *in vitro de* plantas. Editado por Leva, A. e Rinaldi, L.M.R. Intech.

Smith, R. (2012). Plant Tissue Culture Techniques and Experiments (Técnicas e Experiências de Cultura de Tecidos de Plantas). 3rd ed. Academic Press.

I want morebooks!

Buy your books fast and straightforward online - at one of world's fastest growing online book stores! Environmentally sound due to Print-on-Demand technologies.

Buy your books online at
www.morebooks.shop

Compre os seus livros mais rápido e diretamente na internet, em uma das livrarias on-line com o maior crescimento no mundo! Produção que protege o meio ambiente através das tecnologias de impressão sob demanda.

Compre os seus livros on-line em
www.morebooks.shop

Printed by Books on Demand GmbH, Norderstedt / Germany